王昶　申柯娅 ◎编著

南红玛瑙

选购指南

化学工业出版社
· 北京 ·

本书主要介绍了南红玛瑙的历史文化、宝石学性质和基本特征、鉴别与质量评价和南红玛瑙饰品的类型与选购，是关于玛瑙选购的一本专门性著作。

全书内容丰富，图文并茂，可供广大珠宝首饰爱好者，尤其是南红玛瑙的爱好者、收藏者和消费者阅读参考。同时，也可供珠宝首饰业的从业人员参考。

图书在版编目（CIP）数据

南红玛瑙选购指南／王昶，申柯娅编著． —北京：化学工业出版社，2020.5
ISBN 978-7-122-36370-1

Ⅰ．①南… Ⅱ．①王…②申… Ⅲ．①玛瑙-选购-指南 Ⅳ．①TS933.21-62

中国版本图书馆CIP数据核字（2020）第035205号

责任编辑：邢　涛　　　　　　　　文字编辑：陈小滔　刘　璐
责任校对：王　静　　　　　　　　装帧设计：韩　飞

出版发行：化学工业出版社（北京市东城区青年湖南街13号　邮政编码100011）
印　　装：天津图文方嘉印刷有限公司
880mm×1230mm　1/32　印张5　字数117千字　2020年8月北京第1版第1次印刷

购书咨询：010-64518888　　　　　　　售后服务：010-64518899
网　　址：http://www.cip.com.cn
凡购买本书，如有缺损质量问题，本社销售中心负责调换。

定　　价：58.00元

　　南红玛瑙，古称"赤玉""赤琼"，因其鲜艳浓郁的红色，细腻温润的质地，而备受人们的喜爱。又因为红色在中国有着喜庆吉祥的寓意，于是成为国人对美好愿望的一种寄托。南红玛瑙具备了这种吉祥喜庆的色彩，人们便争相把南红玛瑙视作一种吉祥的宝物，加之其产量稀少，因此价格节节攀升。

　　南红玛瑙是玛瑙"家族"中的一员，是我国特有的玛瑙品种，其应用历史悠久，可以追溯到3000多年前的古金沙国（商代晚期至西周时期的古蜀王国），该遗址自2001年首次发现至今，出土了很多文物，其中出土的文物"南红玛瑙贝币"，令人叹为观止。这也是当今存世最早的一件南红玛瑙制品，这枚贝币现保存在四川成都的金沙遗址博物馆。而云南省博物馆也收藏有古滇国（战国末期到西汉）时期的墓葬中出土的南红玛瑙。为了使广大消费者能更加深入地了解南红玛瑙，在选购南红玛瑙饰品时，能更好地掌握和了解一些与南红玛瑙相关的知识，笔者编写了本书。

编写过程中，在注重介绍南红玛瑙基本知识的前提下，笔者也参阅了近年来南红玛瑙专业领域的最新研究成果，阅读了相关的参考文献。考虑到本书的读者群以广大的南红玛瑙爱好者、收藏者和消费者为主，所以力求做到科学性、知识性、可读性和趣味性相结合，并力求简明扼要，又通俗易懂。

　　在这里需要特别提出的是，在编写和出版过程中，得到了许多珠宝首饰业界朋友和师长的大力支持和帮助，在此我们表示诚挚的谢意！由于笔者水平有限，不足之处竭诚欢迎同行专家和读者批评指正。

王昶

2019 年 12 月

目录
CONTENTS

第一章　南红玛瑙的历史文化及产地 / 001

一、玛瑙与南红玛瑙 / 002

二、南红玛瑙的历史文化渊源 / 007

三、中国古代诗词中的玛瑙 / 020

四、南红玛瑙的产地 / 026

南红玛瑙
选购指南

第二章　南红玛瑙的成因与分类 / 031

一、南红玛瑙的成因 / 032

二、南红玛瑙的产状分类 / 033

三、南红玛瑙的颜色分类 / 038

四、南红玛瑙中的专有术语 / 058

第三章　南红玛瑙的鉴别与质量评价 / 069

一、南红玛瑙的矿物组成和宝石学性质 / 070

二、南红玛瑙的鉴别 / 072

三、南红玛瑙的质量评价因素 / 081

第四章　南红玛瑙的饰品类型及选购 / 087

一、南红玛瑙镶嵌首饰及选购 / 088

二、南红玛瑙指环及选购 / 101

三、南红玛瑙手镯及选购 / 106

四、南红玛瑙串珠及选购 / 110

五、南红玛瑙挂件及选购 / 128

六、南红玛瑙摆件及选购 / 142

参考文献 / 152

南红玛瑙
选购指南

chapter
one

第一章

南红玛瑙的历史文化及产地

一、玛瑙与南红玛瑙

1. 玛瑙和玛瑙名称的由来

玛瑙是一种石英质玉石,我国古代先民使用石英质玉石的历史极为悠久,在距今约1.9万年前的北京山顶洞人遗址中,就发现有用玉髓、玛瑙制作的石器,以及用作装饰品的经过磨制的小石珠和有孔的小石珠。

(1)什么是玛瑙? 玛瑙是由矿物石英组成,且具有同心层状、条带状和环带状结构的隐晶质集合体(图1-1)。它其中还含有少量的赤铁矿、针铁矿、绿泥石、云母等矿物。玛瑙的透明度可呈现透明至不透明,具有纤维状结构,有的可见晶洞,晶洞中有的可见细粒石英晶体(图1-2)。其常见的颜色包括红色、黄色、灰色、白色、绿色等,以及多种颜色组合,有"千种玛瑙万般玉"之说。有的玛瑙表面可见晕彩效应,这样的玛瑙又称为火玛瑙(图1-3)。玛瑙的抛光面常呈玻璃光泽,断面常呈油脂光泽。

图1-1 玛瑙

图1-2 玛瑙晶洞

图1-3 火玛瑙

（2）玛瑙名称的由来。玛瑙一名，始于汉代，源自佛经，最早见于后汉安世高所译的《阿那邠邸化七子经》一书，在梵文中本为"阿斯马加波"，意即"马脑"。此名源于古人无法解释玛瑙表面出现纹理的原因，以为是马脑石化后的产物，故此得名。关于玛瑙的详细记载，还可以追溯到三国时期，魏文帝曹丕在《玛瑙勒赋（并序）》曰："玛瑙，玉属也。出自西域，文理交错，有似马脑，故其方人因以名之。或以系颈，或以饰勒。余有斯勒，美而赋之。……命夫良工，是剖是镵。追形逐好，从宜索便。乃加砥砺，刻方为圆。沈光内灼，浮景外鲜。繁文缛藻，交采接连。"此文也道出了"玛瑙"名称的来历。在曹丕的记述中，我们对玛瑙名称的由来、形质、功用、产地等都有了较为深入细致的了解，这也是研究玛瑙的珍贵史料。

2. 南红玛瑙

南红玛瑙在西汉以前称为"赤玉"或"赤琼"。南红玛瑙这一名称，使用的时间并不是很长，直到现在也无统一的定论。有的认为南红玛瑙是指云南出产的红玛瑙，也有的认为南红玛瑙是指中国南方地区出产的红玛瑙，但是这样的观点显然有失偏颇，因为在西北的甘肃也出产红玛瑙。目前，业界通常认为南红玛瑙是对产于我国西南地区的一种颜色艳丽、胶质感强、润泽浑厚的红色隐晶质石英质玉石的统称，是有着近千年使用历史的传统玉石材料。南红玛瑙主要产地包括云南保山、四川凉山和甘肃迭部等（图1-4～图1-6）。

图1-4 南红玛瑙原料（一）

图1-5 南红玛瑙原料（二）

图1-6 南红玛瑙原料（三）

　　南红玛瑙之所以珍贵，其主要原因在于天然形成的红色，其颜色鲜艳，质地细腻，胶质感强。此外，南红玛瑙资源稀缺，大块的原料十分稀少，加之出材率又很低，因此更显其弥足珍贵。南红玛瑙的应用，可以追溯到十分久远的年代。

二、南红玛瑙的历史文化渊源

　　想要了解南红玛瑙的历史，首先要了解其历史发展的源头。考古学家发现，3000多年前的古金沙国（商代晚期至西周时期的古蜀王国），虽在历史中神秘地销声匿迹了，但其遗址自2001年首次发现至今，出土了很多文物，其中出土的文物"南红玛瑙贝币"尤为令人瞩目（图1-7），可见南红玛瑙在当时的重要地位。它是当今存世最早的一件南红玛瑙制品，这枚贝币现保存在四川成都的金沙遗址博物馆。

南红玛瑙发展的一个高峰期则是在距今约2500年的古滇国，古滇国位于云南，由于其毗邻南红玛瑙产地，古滇国的先民对南红玛瑙的使用似乎更为频繁。古滇国的墓葬中，出土了很多的玛瑙饰物，主要包括：红玛瑙、白玛瑙、灰白色条纹玛瑙和浅红色缠丝玛瑙。大多数呈半透明状，具有玻璃光泽和不同的样式。从出土的实物可知，在古滇国整个王朝约500年的历史中（战国时期到西汉），用南红玛瑙制作的器物，相对比较多见。南红玛瑙被制成各种样式的长素管，不过这些南红玛瑙饰品也仅仅是有着很高地位的人，如大巫师、贵族、统治者等才能佩戴使用。由此可见，古滇国的先民当年就以南红玛瑙为贵了。在古滇国的第三代统治者（公元前224年—公元前178年）眼中，南红玛瑙成了平淡生活中的艳丽色彩，他曾命令工匠用南红玛瑙雕刻了甲虫和牛头（图1-8），并将这心爱的玩物一起带进了云南晋宁石寨山M12号墓。古滇国云南江川李家山M47号墓，出土有"珠被"（图1-9），其中就有南红玛瑙。"珠被"就是"珠襦玉柙"中的"珠襦"，它与中原地区出现的"玉柙"（玉衣）齐名，并列为奢侈品。

图1-7　南红玛瑙贝币（四川成都金沙遗址博物馆）

图1-8　古滇国南红玛瑙牛头

图1-9 古滇国"珠被"

与古滇国大致同期的中原，也出现了许多玛瑙制品，可以说在历史上达到了第一个玛瑙制品的高峰时期。玛瑙器物的形制，已经摆脱了西周时期严格的宗法礼制约束，其形制从瑞兽到生活器（耳挖、带钩、足型器等）种类繁多，并且工艺精美，制作技艺水平也达到了当时的最高峰。此时的南红玛瑙器物，仍然只是皇室贵族才能使用，主要用于佩剑的剑饰、组玉佩、玉质发饰等一些玉饰品中。这个历史时期的南红玛瑙仍是珍稀之物，极为名贵，是身份和地位的象征，一般的寻常百姓是难以拥有的。

善于使用南红玛瑙的古滇国灭亡了，但却留下了诸多南红玛瑙器物。宋代的墓葬中出土有瓜形的南红玛瑙珠。可见在古滇国灭亡之后，南红玛瑙实际上仍然得以流传。当然南红玛瑙的大规模出现，则是明清时期的事情。明清时期可以说是南红玛瑙发展的第二个高峰期，其中明朝的徐霞客在《徐霞客游记》中记载了云南保山出产的南红玛瑙的特点，"上多危崖，藤树倒罥，凿崖逊石，玛瑙嵌其中焉。色有白有红，皆不甚大，仅如拳，此其蔓也。随之深入，间得结瓜之处，大如升，圆如球，中悬如岩，而不粘于石，岩中有水养之，其晶莹坚致，异于常蔓，此玛瑙之上品，不可猝遇，其常积而市于人者，皆凿蔓所得也"。正是徐霞客的这一发现，使得云南保山地区出产的南红玛瑙成为了明清时期皇家用料的首选。但由于地质、环境等因素，保山出产的南红玛瑙料多绺裂，难以制作成大的器物。

到了清代，随着藏传佛教文化的兴起，藏传佛教"七宝"中的"赤珠"，就是指南红玛瑙。由于藏民喜欢佩戴红色的饰品，最初所配的红色饰物主要为红珊瑚，但是红珊瑚高昂的价格和稀缺性，使得很多藏民无法获得，而以南红玛瑙取而代之，所以南红玛瑙作为红珊瑚的替代品，在藏民中逐渐普及而流传。此时，南红玛瑙真正开始以批量生产的方式被大众所接受，成为众多藏民的随身佩饰，开始真正走向繁荣。

雍正年间（1723—1735年），南红玛瑙开始走入了清代宫廷，在《清宫内务府造办处档案总汇》中以"红白玛瑙"名称记载。正是由于藏传佛教对清代宫廷的影响，清朝规制之外出现了很多南红玛瑙制作的配饰，如朝珠、念珠、勒子、帽正和摆件等（图1-10～图1-14）。从此南红玛瑙的制作工艺也达到了一个顶峰，如清朝制作的南红玛瑙凤首杯（图1-15）、南红玛瑙双鱼龙花插（图1-16）和南红玛瑙蝙蝠桃树花插（图1-17）就是其中的精品。这一时期的能工巧匠得以继承和运用历代琢玉工艺的宝贵经验，借鉴绘画和外来雕刻工艺技术，创造性地发展了具有鲜明时代特点的琢玉艺术。

南红玛瑙双鱼龙花插，通座高23cm，最宽处12.5cm，为红白双色南红玛瑙俏色雕作品。双鱼口张开，腹中空，红白两色分明，双鱼直立，呈凌空跃起状，神态威猛，仿佛正在蓄势，大有一跃冲天的态势。在红鱼的嘴边，雕出翻卷的浪花，白色浪花中浮起一只红色的小火珠，在白鱼的嘴边雕出一朵红色的小花。红鱼尾部内侧有阴刻横行四字篆书款"乾隆年制"，它由宫廷造办处御制完成，材料为南红玛瑙中的红白料，由整块料运用立体圆雕的工艺琢制而成，现珍藏于北京故宫博物院。

南红玛瑙蝙蝠桃树花插，高19.3cm，宽22cm，花插用料为红、白、粉三色玛瑙，立体圆雕，利用材料本身的不同颜色巧琢出树干、山石、立凤、蝙蝠和灵芝，树干上有孔可供插花之用。

图1-10　南红玛瑙朝珠（一）（清）

图1-11 南红玛瑙朝珠(二)(清)

图1-12　南红玛瑙念珠（清）

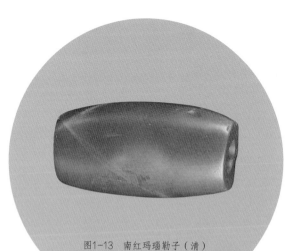

图1-13 南红玛瑙勒子（清）

图1-14 南红玛瑙帽正（清）

图1-15 南红玛瑙凤首杯（清）

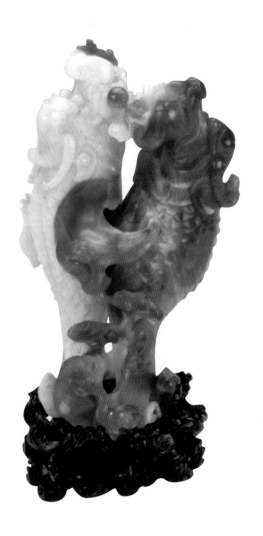

图1-16 南红玛瑙双鱼龙花插(清)

图1-17　南红玛瑙蝙蝠桃树花插（清）

在乾隆时期，由于朝廷在琢玉工艺、玉石材料的选择等方面有着严格的要求和标准，因此原石上具有大量绺裂的保山南红玛瑙渐被淘汰，使得收藏级的南红玛瑙作品逐渐减少。传世的南红玛瑙作品，也就这样慢慢地从历史的舞台上消失了，以至于大家认为南红玛瑙在清代晚期，由于矿产资源的枯竭，而逐渐走向衰落。

三、中国古代诗词中的玛瑙

中国古代诗词是一种独具中华民族特色的艺术形式，是中华民族的文化瑰宝。玛瑙作为一种历史悠久的玉石，历来被人们视作珍宝，受到历朝历代皇室的宠爱。古人喜爱玛瑙，并写下了许多吟咏玛瑙的诗词。古代文人以玛瑙吟诗赋词的现象，一直延续到了清代，由此也可见玛瑙在古人心目中，有着极高的地位。

唐代诗人钱起首先以玛瑙写作诗题，写下了《玛瑙杯歌》，全诗共18句，写出了玛瑙杯的产地、制作过程，以及珍奇华贵的地位。"瑶溪碧岸生奇宝，剖质披心出文藻。良工雕饰明且鲜，得成珍器入芳筵。含华炳丽金尊侧，翠箄琼觞忽无色。繁弦急管催献酬，倏若飞空生羽翼。湛湛兰英照豹斑，满堂词客尽朱颜。花光来去传香袖，霞影高低傍玉山。王孙彩笔题新咏，碎锦连珠复辉映。世情贵耳不贵奇，谩说海底珊瑚枝。宁及琢磨当妙用，燕歌楚舞长相随。"

中国古代诗词中与玛瑙有关的诗词，可以粗略地划分为以下几类。

（一）玛瑙制品入诗

1. 玛瑙勒

"勒"是一种带嚼子的马笼头，在南北朝的诗中有用玛瑙装饰的"勒"。如：

［南北朝·梁］何逊《学古诗三首》其中一首有："玉羁玛瑙勒，金络珊瑚鞭。"

［南北朝·梁］吴均《赠任黄门诗二首》（其二）中有："白玉镂衢鞍，黄金玛瑙勒。"

［南北朝·陈］张正见《刘生》中有："尘飞玛瑙勒，酒映碎碟杯。"

［南北朝·北齐］邢邵《冬日伤志篇》中有："朝驱玛瑙勒，夕衔熊耳杯。"

2. 玛瑙器物

在古代诗词中描述最多的是用玛瑙制作的各种器物，尤其是以盛酒的容器为最，其中包括杯、碗、罍、钟、盘、瓶等。

（1）玛瑙酒杯。描写玛瑙用作酒杯的诗词，如：

［南北朝·北周］庾信《杨柳歌》中有："衔云酒杯赤玛瑙，照日食螺紫琉璃。"

［唐］元稹《春六十韵》中有："酒爱油衣浅，杯夸玛瑙烘。"

〔唐〕李商隐《小园独酌》中有："半展龙须席，轻斟玛瑙杯。"

〔元〕耶律楚材《庚辰西域清明》中有："葡萄酒熟愁肠乱，玛瑙杯寒醉眼明。"

（2）玛瑙酒钟。描写玛瑙用作酒钟的诗词，如：

〔宋〕李新《又三绝戏老友》中有："幽人乐事无由并，且醉良辰玛瑙钟。"

〔宋〕司马光《和道矩送客汾西村舍杏花盛置酒其下》中有："林间暂击黄金勒，花下聊飞玛瑙钟。"

〔明〕汪广洋《班枝花曲》中有："当门笑拾玛瑙钟，持向城南踏春去。"

（3）玛瑙酒碗。描写玛瑙用作酒碗的诗词，如：

〔唐〕杜甫《郑附马宅宴洞中》中有："春酒杯浓琥珀薄，冰浆碗碧玛瑙寒。"

〔元〕顾德辉《花游曲同张贞居游石湖和杨廉夫韵》中有："兴酣鲸吸玛瑙碗，立按鸣筝促象板。"

〔清〕朱昌祚《冬猎篇》中有："碗酒光摇玛瑙红，当筵又舞神亭戟"

（4）玛瑙酒瓶。描写玛瑙用作酒瓶的诗词，如：

〔元〕顾德辉《三月三日杨铁崖、顾仲瑛饮于书画舫，侍姬素云行椰子酒，遂成联句》中有："玛瑙瓶中椰蜜酒，赤瑛盘内水晶盐。"

（5）玛瑙酒罍。描写玛瑙用作酒罍的诗词，如：

〔唐〕白居易《奉和思黯相公以李苏州所寄太湖石奇状绝伦因题二十韵见示兼呈梦得》中有："尖削琅玕笋，洼剜玛瑙罍。"

3. 玛瑙盘

描写玛瑙盘的诗词，有：

[唐] 杜甫《韦讽录事宅观曹将军画马图》中有："内府殷红玛瑙盘，婕妤传诏才人索。"

[明] 王叔承《宫词一百首（并序）》（录五十首）中有："婕妤手捧将军赐，玉甲光摇玛瑙盘。"

[明] 程本立《滇阳二月罂粟花盛开皆千叶红者紫者白者微红》中有："珊瑚旧是王孙玦，玛瑙犹疑内府盘。"

4. 玛瑙盆

描写玛瑙盆的诗词，有：

[宋] 史浩《采莲·衮》中有："紫芝荧煌，嫩菊秀媚。贮玛瑙琥珀精器。"可以理解为是用于插花的玛瑙盆。

[元] 杨维桢《洞庭曲》中有："网得珊瑚树，移栽玛瑙盆。夜来风雨横，龙气上珠根。"这是用于移栽植物的玛瑙盆。

5. 其他器物

在古代诗词中，描写其他玛瑙器物的诗词还有很多，如：

[唐] 章孝标《题东林寺寄江州李员外》中有："象牙床坐莲花佛，玛瑙函盛贝叶经。"这个玛瑙函应是用于盛装经书的匣子。

[宋] 赵葵《避暑水亭作》中有："身眠七尺白虾须，头枕一枚红玛瑙。"这是指用玛瑙加工制作的枕头。

[宋] 卫博《醉歌行》中有："堂外花骢玛瑙羁，传呼直到黄金墀。"

这是指用玛瑙制作而成的马嚼头的装饰品。

////// （二）以玛瑙喻物的诗词 //////////////

中国古代诗词中的一个重要的创作手法，就是以物喻物，而在古代诗词中用玛瑙喻物的诗词也是比较常见的，主要包括以下几个方面。

1. 喻云

用玛瑙来比喻天上的云彩，惟妙惟肖。如：

［南北朝·梁］萧纲《西斋行马》诗中有："云开玛瑙叶，水净琉璃波。"

［南北朝·梁］萧纲《咏云》中有："浮云舒五色，玛瑙应霜天。"诗中描绘了云霞的绚丽之美，云在太阳的照射下变幻出不同的颜色，似玛瑙的光彩映照在秋天的天空中。

［元］陈旅《陪赵公子游蒋山即席次李五峰韵》中有："石液玻璃碧，云根玛瑙殷。"

2. 喻山

用玛瑙来比喻山峰，生动传神。如：

［清］严长明《由十八盘登青柯坪坐莲花峰阯不及登陟怅然有作》中有："九峰复九折，一折殊一峰。方割紫玛瑙，圆擢青芙蓉。"

3. 喻花

用玛瑙来比喻各种花朵，活灵活现。如：

［宋］赵师侠《满江红·壬子秋社莆中赋桃花》中有："露冷天高，秋气爽、千林叶落。惊初见、小桃枝上，盛开红萼。浅淡胭脂经雨洗，剪裁玛瑙如云薄。"

［明］朱瞻基《瑞香花诗（有引）》中有："瑞香花，叶如织。其叶非一状，花开亦殊色。或如玛瑙之殷红，或如玉雪之姿容。"

4.喻石榴

用玛瑙来比喻石榴，呼之欲出。如：

［宋］施枢《破榴》中有："峰壳盈盈万颗珠，润於玛瑙浸冰壶。吟心先自清如水，嚼了寒霜骨更臞。"

［宋］范成大《石榴》中有："日烘古锦囊，露渑红玛瑙。玉池咽清肥，三彭迹如扫。"

5.喻池水

用玛瑙来比喻池水，跃然纸上。如：

［宋］邓肃《浣溪沙》八首之四中有："阑外彤云已满空。帘旌不动石榴红。谁将秋色到楼中。玛瑙一泓浮翠玉，瓠犀终日凛天风。炎洲人到广寒宫。"

6.喻雨露

用玛瑙来比喻雨露，栩栩如生。如：

［宋］曹勋《点绛唇·一气冲融》中有："山头雨。散成清露。玛瑙生玄圃。"

四、 南红玛瑙的产地

南红玛瑙的主要产地，包括云南保山、四川凉山和甘肃迭部，三地所产南红玛瑙分别称为：滇南红、川南红和甘南红。

1. 云南保山南红玛瑙（滇南红）

云南保山南红玛瑙因其产自云南省保山市，俗称滇南红。滇南红玛瑙是中国南红玛瑙中开采历史最久的，早在明朝时期就已开采，原料以块大多裂为特点。滇南红玛瑙的色泽艳丽，颜色的色域较宽，几乎覆盖了南红玛瑙所有颜色的种类，包括粉白、粉红、橘红、朱红、正红、深红、褐红等红色调。它多用于加工珠饰，由于滇南红玛瑙裂隙较多，为了掩盖其裂隙等，成品珠子很少抛光。高品质的滇南红玛瑙质地温润、宝光内敛，深受广大收藏者的喜爱和追捧。

保山的南红玛瑙主要产于其下辖的杨柳乡（西山）和东山两地。杨柳乡位于保山的西部，产出的南红玛瑙料，通常夹杂在玄武岩中，品质较好，色艳而完整。东山则位于保山的东部，包含了几个乡镇的几十个大小不一的坑口。东山产出的南红玛瑙料，通常是夹杂在泥土中，裂隙比较多，完整度不高。虽然东山产出的南红玛瑙料多裂隙，但是颜色较好。上述两地是保山南红玛瑙的主要产地，除此之外，在保山还有一些零星的南红玛瑙产区。

2. 四川凉山南红玛瑙（川南红）

四川凉山南红玛瑙主要产于凉山彝族自治州的美姑县和昭觉县交界处海拔2000～3900m的山区地带，俗称川南红，是近年来大量开发的一种南红玛瑙品种。川南红玛瑙原石的外表形状似马铃薯，从外表皮粗细程度来说，川南红通常分为两种类型：一是光滑如铁的"铁皮壳"，铁皮壳的原石通常表皮较薄，肉质更细腻；二是相对粗糙的"麻皮壳"，麻皮壳通常需要去掉较厚的外表皮才能看到里面润泽的肉质。川南红玛瑙按颜色可以将其分为锦红料、玫瑰红料、朱砂红料、缟红料、红白料。此外，川南红玛瑙的部分产地的峡谷小溪里出产小块鹅卵石状的溪料，溪料为火山蛋在水里经过冲刷磨掉了皮，自然抛光而成。

按照南红玛瑙具体出产的地理位置所在的乡、村，分别命名为九口料、联合料、瓦西料、乌坡料和雷波料等。

（1）九口料。它通常指九口、子威、农作、巴古等乡出产的质地差不多的一种南红玛瑙料的总称，是早期凉山南红玛瑙的代表性料种。这些地区出产的南红玛瑙是凉山南红玛瑙料中品质最高的，易出大料，完整度高，较少绺裂，颜色鲜艳，质地油润。根据出产地可以进一步划分为以下类别。

①九口料：以柿子红色的居多，但是纯色的料较少，通常都带有细小的花纹，多冻料，有裂隙但不干。

②子威料（也叫塔洛料）：块度较大、韧性较好，但是颜色好的料相对较少。

③农作料（也称作普料）：颜色好，但块度大小不一，有裂隙，产量少，通常认为是九口料中相对比较好的一种南红玛瑙料。

④巴古料：块度较大，颜色偏暗、偏干、有裂隙者居多，巴古料中产出冻料的概率较高。

（2）联合料。它出产于美姑县南部的联合乡。其坑口位于地表或接近地表的浅层，相对比较容易开采，因此发现得比较早，但是出产的南红玛瑙，质量两极分化现象明显，好的联合料品质很好，而差的联合料品质则很差。联合料最大的特点是通透性较好、有裂、块度小，常呈樱桃红色，表面没有皮壳。相比较而言，联合料的产量相对较大，但是所含优质南红玛瑙的比例却很小。目前市场上联合料的成品，主要以加工制作南红玛瑙珠子为主。

（3）瓦西料。它是目前凉山南红玛瑙料中品质最好的，其最大特点是颜色以玫瑰红色为多，质地油润，韧性较好，块度相对较大。它是制作南红玛瑙小雕件、珠子、坠子的首选材料。

（4）乌坡料。乌坡位于昭觉县的东北部，是近年来挖掘的新坑。总体而言，此地出产的南红玛瑙比九口料品质稍差，通常裂隙较多，质地较差，但颜色均一，而且多为纯正的鲜艳红色，曾产出较大的南红玛瑙料。

（5）雷波料。它产自于凉山州雷波县。从外表观察雷波料与保山料十分相似，具有分布细密均匀的"朱砂点"，红色鲜艳明亮。

3.甘肃迭部南红玛瑙（甘南红）

甘肃迭部南红玛瑙产自甘肃甘南藏族自治州迭部县，俗称甘南红。甘南红玛瑙色彩纯正，颜色鲜艳明亮，色域较窄，通常都在橘红色和大红色之间，也有少量偏深红的颜色。无论是红色部分还是白芯，都具有较好的厚重感和浑厚感，类似于水彩颜料。一般认为产于甘肃迭部的南红玛瑙，是质量最好的南红玛瑙。

一　南红玛瑙的成因

　　南红玛瑙是在复杂的地质作用过程中逐渐形成的。在漫长的地质作用过程中，地下炽热的富含SiO_2的岩浆，由于地壳运动的作用而不断流动，并沿着地壳内的断裂或裂隙向上运移。在不断向上运移的过程中，在岩浆活动的后期，高温炽热的富含SiO_2的岩浆遇到地下水，就会形成富含硅的热水气液混合物。这样的气液混合物，在不断运移的岩浆中，就会逐渐形成各种不同形状和大小的气泡。随着温度的不断降低，这样的气泡就会趋于形成空洞。随着岩浆的不断上涌，围岩的压力逐渐减小，岩浆中所包含的气泡也会逐渐趋于稳定，不再发生变化。随着温度的持续下降，富含SiO_2的岩浆逐渐地冷凝结晶，最外层的SiO_2逐渐形成了不透明、不透气、非常致密的玛瑙薄壳，而富含气液混合物的SiO_2胶体存于壳内，随着温度的进一步降低，SiO_2胶体以矿物玉髓的形式，赋存于先形成的玛瑙薄壳壳体的内壁上，从而形成玛瑙。

　　南红玛瑙的红色，是在玛瑙的形成过程中，由于Fe元素混入了地下形成的热水气液混合物中以Fe_2O_3微粒的形式存在，呈点状分布而形成的。这些呈点状分布的红色小点，俗称"朱砂点"，由于"朱砂点"的存在，从而使南红玛瑙呈现出特有的红色。

　　通过透射光观察南红玛瑙，就可以看到南红玛瑙中呈现红色的地方，是由无数个细而密的小点聚集而成。这些细而密的小点可以直接影响到南红玛瑙颜色的分布和优劣，同时也可以作为一种有效的鉴别标志。相比较而言，滇南红玛瑙"朱砂点"特征十分明显，而川南红玛瑙"朱砂点"则不是很明显，两者存在着一定的差异。

二　南红玛瑙的产状分类

　　由于南红玛瑙形成时所处的地质环境复杂，影响其形成的因素很多。根据南红玛瑙的产状，一般可分为水料南红、山料南红和火山南红。

1. 水料南红

　　水料南红是指南红玛瑙原生矿形成后，在自然界长期风化作用过程中，剥蚀为形状各异、大小不同的碎块，崩落在山坡上，再经地表水、季节性流水和河水的不断冲刷、搬运而形成的，具有一定磨圆度且外表光滑呈砾石形态的一种玛瑙。它由河水（洪水）带到山下的古代和现代河床中，其形状各异，相对个体较小，是完整度较好的南红玛瑙（图2-1，图2-2）。

图2-1　水料南红玛瑙（一）

图2-2　水料南红玛瑙（二）

2. 山料南红

山料南红是指直接从山上开采出来的南红玛瑙原生矿，矿料呈不规则棱角状。由于开采过程相对复杂等原因，这种南红玛瑙矿料通常使用引爆炸药的方法开采，对矿料具有一定的破坏性，造成开采出的矿料中含有大量的绺裂。相比较而言，山料的块度一般大于水料，有时山料上还会带有一定的围岩（图2-3，图2-4）。

图2-3　山料南红玛瑙玉雕

图2-4　山料南红玛瑙

3. 火山南红

　　火山南红是指形成的南红玛瑙矿脉，以火山喷发的形式运移到地表而形成的南红玛瑙。形状以圆形或椭圆形为主，外观似马铃薯。通常外层由于经过火山的高温灼烧，有深褐色至铁黑色的表皮，其表面既有光滑平

图2-5　火山南红玛瑙

整的，也有坑洼不平的（图2-5）。火山南红玛瑙的显著特点是矿料相对完整，矿料中有相对鲜艳的红色和紫红色的优质南红玛瑙出现，目前相对完整无瑕的南红玛瑙玉雕作品，多采用这种材料雕琢而成。

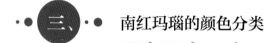

三、南红玛瑙的颜色分类

按颜色分类，是给南红玛瑙分类最常用的一种方法。根据颜色的差异把南红玛瑙划分为以下不同的种类。

1. 锦红

锦红的颜色常以正红、大红色为主体。锦红色是南红玛瑙中最为珍贵的颜色，锦红色南红玛瑙是所有南红玛瑙中价值最高的。锦红色的南红玛瑙原石料，颜色分布均匀，且无瑕疵，质地细腻，光泽油润，其内部的"朱砂点"分布均匀，红艳的色泽如同绸缎，明艳动人（图2-6）。锦红色的南红玛瑙有着独特的魅力，是南红玛瑙收藏者的首选，其稀缺程度可以用可遇而不可求来形容。换句话来说，想要在市场上见到锦红色的南红玛瑙是十分难得的。

2. 柿子红

柿子红色的南红玛瑙也是顶级颜色的南红玛瑙，其颜色类似于柿子的红色，在阳光照射下整体红里透着微微的黄色调，不透光。其颜色分布均匀，质地细腻，光泽油润（图2-7～图2-9）。在顶级颜色的南红玛瑙中，纯色柿子红的南红玛瑙是最好的，也是最具收藏价值的。

图2-6　锦红南红玛瑙挂件

图2-7　柿子红南红玛瑙挂件（一）

图2-8　柿子红南红玛瑙挂件（二）

图2-9　柿子红南红玛瑙挂件（三）

3. 玫瑰红

玫瑰红色的南红玛瑙相对于锦红色的南红玛瑙而言，颜色略偏紫一些，整体呈紫红色，类似玫瑰花的颜色，在光源照射条件下观察，可见有密集分布的"朱砂点"（图2-10，图2-11）。玫瑰红色的南红玛瑙产量也是十分稀少的，因此也是非常珍贵的。玫瑰红色的南红玛瑙主要产于四川凉山，尤其以瓦西料中的玫瑰红色的南红玛瑙最多，颜色最美。玫瑰红色的南红玛瑙料，一般与柿子红色的南红玛瑙料共生在一起，通常是柿子红色的南红玛瑙包裹着玫瑰红色的南红玛瑙，两者颜色分界清晰，在火焰纹南红玛瑙中尤为明显（图2-12）。纯玫瑰红色的南红玛瑙料十分稀少，通常情况下，都是去除了柿子红色的南红玛瑙部分所得，市场上也很难见到纯色玫瑰红色的南红玛瑙制作的珠子或雕件。对于玫瑰红色和柿子红色混合的南红玛瑙料，通常被用作"俏色"玉雕的材料，雕琢成花朵或是人物的面部。

图2-10 玫瑰红南红玛瑙挂件（一）

图2-11 玫瑰红南红玛瑙挂件（二）

图2-12　柿子红与玫瑰红南红玛瑙挂件

4. 朱砂红

朱砂红色的南红玛瑙，在放大条件下极易观察，通常用放大镜即可观察到其中呈红色的"朱砂点"，由"朱砂点"形成的南红玛瑙，颗粒感十分明显（图2-13）。朱砂红南红玛瑙常有似"火焰"一样的纹理，外观亮丽，并且光泽油润，颜色大气沉稳，在南红玛瑙中独具特色。

图2-13　朱砂红南红玛瑙

5. 樱桃红

　　樱桃红色的南红玛瑙主要产自四川凉山美姑县联合乡，即所谓的联合料，其特点是颜色鲜艳，水头足，有很好的通透性，又透露出一丝水灵，质地非常的细腻且均匀纯净（图2-14，图2-15）。这种颜色的南红玛瑙可以用于制作戒面、耳钉、胸坠等镶嵌饰品，也可以用于制作珠子，穿成手串和项链，宝气十足深受消费者的喜爱。

图2-14　樱桃红南红玛瑙圆珠

图2-15　樱桃红南红玛瑙手串

6. 辣椒红

辣椒红色的南红玛瑙，是指颜色类似于红辣椒颜色的南红玛瑙（图2-16，图2-17）。辣椒红色的南红玛瑙相对柿子红色的南红玛瑙，其颜色更显艳丽，有种火红的感觉。云南保山出产的杨柳料，色泽鲜明艳丽，质地细腻润泽，原料所呈现的颜色似红辣椒一般，因此，被称为"辣椒红"。

图2-16　辣椒红南红玛瑙圆珠

图2-17　辣椒红南红玛瑙手串

7. 红白料

南红玛瑙的红白料是指红色的南红玛瑙与白色的南红玛瑙共生在一起，两种颜色的边界十分明显，白如牛乳，红如烈焰，界限清晰，没有颜色的过渡带，也没有渐变色的一种南红玛瑙料（图2-18，图2-19）。它可以进一步细分为：樱桃红红白料和柿子红红白料。其中，樱桃红红白料，红润通透；柿子红红白料，厚重沉稳。玉雕师经过巧妙设计，可以雕刻出巧夺天工的"俏色"作品，将精巧的构思完美地融合在红白两色之间，这样的雕件具有很高的收藏价值。

图2-18　红白料南红玛瑙挂件（一）

图2-19　红白料南红玛瑙挂件（二）

8. 水红料

水红料南红玛瑙主要产自云南保山，整体以粉红色、水红色为主，其特点是水润莹透，质地细腻，白里透红，红中泛白，颜色犹如在水中一样淡雅（图2-20，图2-21）。

图2-20　水红料南红玛瑙挂件

图2-21　水红料南红玛瑙手串

9. 黑红料

黑红料指的是红色和黑色相间的南红玛瑙。这种玉料一般用于制作玉雕，颜色使用巧妙，也可以雕琢成"俏色"玉雕作品（图2-22，图2-23）。

图2-22　黑红料南红玛瑙雕件

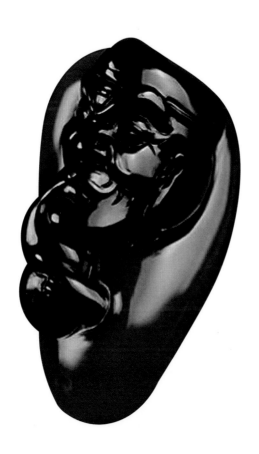

图2-23　黑红料南红玛瑙挂件

10. 火焰纹

火焰纹南红玛瑙是四川凉山所产南红玛瑙并且该地独有。火焰纹南红玛瑙是指由锦红或柿子红色的南红玛瑙与玫瑰红或樱桃红色的南红玛瑙相互交织在一起，形成了色彩艳丽，轮廓分明，外观似燃烧的火焰一般的南红玛瑙，具有一种动态的美感（图2-24，图2-25）。天然的纹理精致美丽，独特不一。火焰纹的南红玛瑙珠子，柿子红色和玫瑰红色交织，色泽鲜艳均匀是十分难得的，也是很受收藏家喜爱的一种南红玛瑙。

图2-24 火焰纹南红玛瑙

图2-25　火焰纹南红玛瑙手串

11. 缠丝纹

缠丝纹南红玛瑙的缠丝纹，主要是由红色和白色平行的条带组成（图2-26，图2-27）。条带的颜色有的偏红，有的偏白，有的红、白分布均匀，有的则形状不规则，这种质地的南红玛瑙，其纹理具有一定的欣赏价值，如果纹理美观、分布均匀，也受到一些消费者的喜爱。但就总体而言，具有缠丝纹的南红玛瑙，其投资和收藏价值小于红色（纯色）的南红玛瑙。

图2-26 缠丝纹南红玛瑙勒子

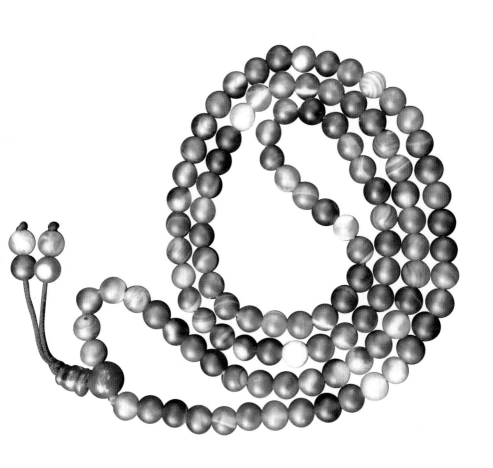

图2-27 缠丝纹南红玛瑙佛珠

四、 南红玛瑙中的专有术语

1. 南红玛瑙中的"肉"与"满肉"

南红玛瑙中的"肉",是南红玛瑙中的致色矿物的俗称。致色矿物的含量越高,南红玛瑙的透明度就越低,"肉"也就越满。

南红玛瑙中的"满肉",则是指致色矿物的含量近饱和。致色矿物的含量越高,也就是"肉"越满,品质就越好。此外,致色矿物颜色的鲜艳程度越高,南红玛瑙的品质也就越好。南红玛瑙业内常有"色差一分,价差百倍"之说。

2. 冻肉

南红玛瑙中的"冻肉",是指结晶度相对较高的浅色南红玛瑙料。其特点是质地细腻,且呈透明或半透明状,胶质感强,类似于"果冻"的外观。"冻肉"可以呈现多种颜色,常见的有荔枝冻,常呈肉红色(图2-28,图2-29);白冻,常呈白色;柿子冻,常呈柿子红色(图2-30,图2-31)。"冻肉"常与柿子红、玫瑰红伴生,这样的南红玛瑙料经过玉雕大师的巧妙构思和雕刻,可以成为"俏色"玉雕作品。由于料子的特殊性,常可使作品呈现出十分明显的个性。

图2-28　荔枝冻南红玛瑙

图2-29　荔枝冻南红玛瑙挂件

图2-30　柿子冻南红玛瑙原石

图2-31　柿子冻南红玛瑙挂件

冻肉料与红白料的区分：红白料中的白色通常呈乳白色、瓷白色，而且呈不透明的状态，红色和白色之间的界线十分明显，而冻肉料南红玛瑙的红色和白色（无色）部分，两者界线模糊（图2-32，图2-33）。

图2-32　红白料南红玛瑙挂件　　　　　　图2-33　荔枝冻南红玛瑙挂件

3. 冰飘与草花

（1）冰飘。冰飘南红玛瑙是指颜色呈白色、透明，类似于玻璃底，里面带红色飘花，意境深远，可以用于制作"俏色"玉雕的南红玛瑙料，俗称"冰飘料"（图2-34～图2-36）。

冰飘料是"冰肉"与"色肉"结合在一起的南红玛瑙料，白色的"冰肉"透明如冰，红色部分则不透光，如同飘在一块晶莹剔透的冰块上。在冰飘料中还有一个独特的分支叫"冰地飘花"，指的是冰地上飘的红色部分形成了类似花朵的形状，十分美观漂亮，这也是大自然创造出的神奇之作，是自然赐给人类的"礼物"（图2-37～图2-39）。

图2-34　冰飘南红玛瑙挂件（一）

图2-35　冰飘南红玛瑙挂件（二）　　　　　　图2-36　冰飘南红玛瑙挂件（三）

图2-37 冰飘草花南红玛瑙（一）

图2-38 冰飘草花南红玛瑙（二）

图2-39 冰飘草花南红玛瑙挂件

（2）草花。它特指"冻肉"南红玛瑙中含有草花状图案致色矿物的
南红玛瑙料（图2-40，图2-41）。其特点是裂隙多，草花的图案类型多
样，图案意境好、块度较大的高品质草花南红玛瑙比较稀少，在市场上
价格相对较高，是收藏家喜欢收藏的南红玛瑙种类。

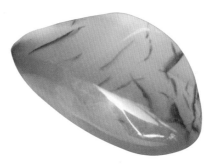

图2-40　荔枝冻草花南红玛瑙（一）

图2-41　荔枝冻草花南红玛瑙（二）

4. 冻肉与冰飘的区别

冻肉料中的红色与白色，两者界线模糊，两种颜色的分界呈渐变过渡形式，水润透明的部分与红色部分相互衬托。

冰飘料则是底色较浅或是无色，清澈透明，给人一种冰清玉洁的感觉。这种冰透晶莹的料子中，飘着的一抹红色，红、白两色界线通常是分明的，这是冰飘南红玛瑙最显著的特点（图2-42～图2-44）。

5. 南红玛瑙中的"油性"

南红玛瑙的油性，是指南红玛瑙表面油脂光泽的强度。这种特性可以具体表现在视觉上的油润光泽和手感上的油润细腻感，即南红玛瑙表面似油非油的感觉（图2-45）。南红玛瑙的油性是由组成它的矿物颗粒大小所决定的，组成南红玛瑙的矿物晶体颗粒越细小、排列越紧密，则油性越强。总体而言，云南保山出产的南红玛瑙整体油性较强，而四川凉山南红玛瑙中的瓦西料的油性也很好，其他坑口出产的南红玛瑙料的油性相对差一些。

图2-42　冰飘南红玛瑙挂件

图2-43　冰飘朱砂红南红玛瑙挂件

图2-44　冰飘南红玛瑙手镯

图2-45　南红玛瑙

第三章

南红玛瑙的鉴别与质量评价

一、南红玛瑙的矿物组成和宝石学性质

1. 南红玛瑙的化学成分

南红玛瑙的化学成分很简单，主要为SiO_2，其次为Fe及少量的K、Ca、Al、Mg、Cl等元素。

2. 南红玛瑙的矿物成分

南红玛瑙的矿物成分，主要为石英，而南红玛瑙红色部分中的Fe元素，则主要以矿物赤铁矿的形式存在。

3. 南红玛瑙的宝石学性质

南红玛瑙主要呈现出各种不同色调的红色，呈隐晶质结构，致密块状、皮壳状构造，莫氏硬度为$6.5 \sim 7$，相对密度为$2.6 \sim 2.7$，呈半透明至不透明状，具有油脂光泽，断口呈贝壳状，表面具有明显的胶质感，适合于雕刻加工。南红玛瑙的折射率为$1.54 \sim 1.55$，无特征吸收光谱，在紫外光照射下无荧光特征。常见不同色调和透明度的红色或红白两种颜色相间组成的同心层状、条带状或缠丝状构造（图3-1），有时表面可见"火焰纹"状图案（图3-2，图3-3）。

图3-1 缠丝状南红玛瑙圆珠

图3-2 火焰纹状南红玛瑙圆珠

图3-3 火焰纹状南红玛瑙

二、 南红玛瑙的鉴别

1. 南红玛瑙的肉眼鉴别特征

依据肉眼观察鉴别南红玛瑙，通常从以下几个方面着手：

① 看颜色。南红玛瑙呈现各种不同色调的红色或红白相间的颜色。

② 看结构。南红玛瑙常见不同色调和透明度的红色或红白两色组成的同心层状及条带状或缠丝状构造，有时表面还可见到呈"火焰纹"状的图案。

③ 看质地。南红玛瑙属于隐晶质的石英岩，其颗粒细小，质地细腻而润泽，表面具有明显的胶质感，这是南红玛瑙肉眼鉴别的重要标志之一。

④ 看光泽。南红玛瑙呈半透明至不透明状，经抛光后其抛光面呈油脂光泽，断口面呈贝壳状。

⑤ 试硬度。南红玛瑙的莫氏硬度为6.5～7，硬度较高。用小刀在南红玛瑙表面刻划，不会留下刻痕。

⑥ 掂重量。南红玛瑙的相对密度一般在2.6～2.7之间，用手掂重，手感会相对较重。

2. 优化与处理南红玛瑙的鉴别

目前，南红玛瑙的优化与处理方式，主要包括热处理（烧色）和染色两种。

（1）热处理南红玛瑙的鉴别。热处理南红玛瑙通常是用青绿色玛瑙加热而成，将青绿色玛瑙中包含的Fe^{2+}，在氧化条件下，通过加热焙烧方式，促使其转变为Fe^{3+}，玛瑙的颜色则由青绿色变为红色。其鉴别特征如下：其一，从颜色上来看，热处理南红玛瑙的红色偏暗且浮于表面，如果温度控制不当则会出现明显的焙烧痕迹；其二，从质地来看，热处理南红玛瑙质脆，油脂光泽不强，光泽偏向于玻璃光泽，内部的"朱砂点"分布不均匀，宝石放大镜下观察具有明显的"火劫纹"现象；其三，天然南红玛瑙的同心层状或平行层状条带，具有很好的延续性，并能保持其原有的均匀厚薄，而经过热处理后的南红玛瑙则与此相反。

（2）染色南红玛瑙的鉴别。染色南红玛瑙是通过化学处理的方法，使得Fe元素浸入天然玛瑙内部并加热而成。其鉴别特征如下：其一，"朱砂点"状包裹体分布不均匀，没有天然南红玛瑙特有的胶质感；其二，在宝石放大镜下观察，可以看到染色南红玛瑙的红色主要沿裂隙呈丝网状分布，光泽变强，呈玻璃光泽，没有天然南红玛瑙表面应有的油脂感。

3. 南红玛瑙与相似玉石的鉴别

南红玛瑙以其浓郁的红色、细腻的质地及特有的胶质感，自古以来就一直深受广大消费者和收藏家的喜爱。南红玛瑙产量稀少，是我国特有的玉石品种。目前，国内的南红玛瑙主要产于云南的保山地区和四川的凉山地区。就南红玛瑙的原料市场而言，由于云南保山出产的南红玛瑙料产量稀少，市场上保山地区出产的南红玛瑙料，其售价往往高于四川凉山地区出产的同等质量的南红玛瑙料。

市场上常见的与南红玛瑙相似的其他宝石、玉石和仿制品，主要包括普通红玛瑙、红碧石、红珊瑚和南红料器等。

（1）南红玛瑙与普通红玛瑙的鉴别。其一，就颜色而言，南红玛瑙和普通红玛瑙虽然颜色相同，均以红色调为主，但南红玛瑙的颜色范围仅限于红色至无色这一颜色区间，且南红玛瑙通常都带有红色调，而普通红玛瑙的颜色范围则相对较宽（图3-4）；其二，就质地而言，南红玛瑙质地细腻，具有明显的胶质感，呈油脂光泽，宝光内敛，而普通红玛瑙则晶莹剔透、没有胶质感，呈玻璃光泽（图3-5）。与普通红玛瑙相同的是，南红玛瑙也可具有同心层状和条带状结构，呈现出红白两色相间共生的特征。此外，南红玛瑙表面还可呈现"火焰纹"状的图案。

（2）南红玛瑙与红碧石的鉴别。红碧石是一种含有较多的赤铁矿、针铁矿、黏土矿物杂质的隐晶质石英集合体，且常与南红玛瑙相伴而生，俗称鸡肝石（图3-6）。红碧石的颜色和南红玛瑙十分相似，这或许也是与赤铁矿致色有关。但是，红碧石发干、光泽较弱，没有玉质感，肉眼观察时，通常呈土状光泽，即使在强光照射下，也呈现不透明状，且质地不够细腻，有时具有颗粒感，没有油润度（图3-7～图3-9）。南红玛瑙则具有油脂光泽，表面有胶质感，强光照射下能看到1～2cm的光晕扩散，肉眼观察时，结构细腻，具有同心层状或条带状构造，且无颗粒感。

图3-4 普通红玛瑙手镯（一）

图3-5 普通红玛瑙手镯（二）

图3-6 红碧石原石

图3-7 红碧石手镯

图3-8 红碧石手串

图3-9 红碧石挂件

（3）南红玛瑙与红珊瑚的鉴
别。南红玛瑙和红珊瑚是两种类
型完全不同的宝石，红珊瑚是一
种有机质宝石，常呈树枝状，主
要成分为$CaCO_3$，几乎不透明，
因此，两者的原石是十分容易鉴
别的（图3-10，图3-11）。这里
着重介绍的是南红玛瑙珠和红珊
瑚珠的鉴别，红珊瑚珠孔内侧有
时可见珊瑚特有的蛀孔与白心，
表面可以看到由于颜色深浅、透
明度不同，显示出来的纵向延伸
的平行条带和横切面上的放射状
条纹（图3-12）。而南红玛瑙珠
则既无蛀孔，也不会有白心，虽

图3-10　红珊瑚原枝（一）

图3-11　红珊瑚原枝（二）

图3-12　红珊瑚珠

为白色同心层状和条带状构造，但两者之间的区别是十分明显的。此外，红珊瑚的相对密度为2.6～2.7，多孔隙。红珊瑚遇稀盐酸反应，能释放出大量的CO_2气泡，遇热会变黑。而南红玛瑙遇盐酸不起反应，遇热也不会发生变化。红珊瑚的莫氏硬度相对较低，为3～4，用小刀很容易将其划伤。而南红玛瑙的莫氏硬度为6.5～7，用小刀刻划不会留下刻痕。

（4）南红玛瑙与南红料器的鉴别。所谓南红料器就是南红玛瑙的仿制品，主要是一种含铅的玻璃。玻璃的成分是SiO_2，透明度高，通常呈透明状，但加入不同的矿物颜料就可以配出各种不同的颜色。仿制南红玛瑙的南红料器，通常正面呈柿子红色，背面呈玫瑰紫色。南红料器的颜色相对呆板，表面无胶质感（图3-13，图3-14）。

南红玛瑙与相似玉石的主要鉴定特征，见表3-1。

图3-13　南红料器圆珠

图3-14　南红料器挂件

表3-1　南红玛瑙与相似玉石主要鉴定特征一览表

名称	质地	构造	光泽	折射率值	相对密度	莫氏硬度
南红玛瑙	细腻、具胶质感	同心层状、条带状	油脂光泽	1.54～1.55	2.60～2.7	6.5～7
普通红玛瑙	透亮、无胶质感	同心层状、条带状	玻璃光泽	1.53～1.54	2.60～2.65	6.5～7
红碧石	发干、具颗粒感	块状	土状光泽	1.53～1.54	2.60～2.65	6.5～7
红珊瑚	蛀孔、白心	横切面有放射状条纹	蜡状光泽	1.48～1.65	2.60～2.70	3～4
南红料器	透亮、无胶质感	块状	玻璃光泽	1.47～1.70	2.20～6.30	5～6

4. 南红玛瑙与战国红玛瑙的鉴别

战国红玛瑙是一种产于辽宁省阜新市的玛瑙品种，近年来，在珠宝市场上也十分走俏，受到广大消费者的青睐。战国红玛瑙最大的特点是其颜色丰富，除了红色外，还兼有黄色、白色、无色等，颜色通常呈条带状分布（图3-15）。一般情况下，一块战国红玛瑙上通常会同时出现多种不同的颜色，且层次分明。通过观察玛瑙上颜色的分布特征，就可将南红玛瑙与战国红玛瑙加以鉴别（图3-16，图3-17）。南红玛瑙以各种不同色调的红色或红白色为主，而战国红玛瑙除了红色外，还有非常特别的艳黄色，这种颜色在南红玛瑙中是没有的。

图3-15 战国红玛瑙原石

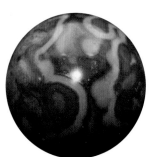

图3-16 战国红玛瑙圆珠

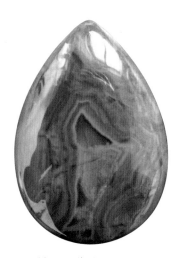

图3-17 战国红玛瑙吊坠

 **南红玛瑙的质量评价因素**

评价南红玛瑙的质量，通常是从颜色、质地、块度、工艺等几个方面进行的。

1. 颜色

俗话说"玛瑙无红一世穷"，在南红玛瑙的质量评价中，颜色是最重要的因素，颜色的优劣直接影响到南红玛瑙的价值。目前，市场上最普遍且公认度较高的南红玛瑙颜色归类的排序是：锦红色、柿子红色、玫瑰红色、水红色、红白色和黑红色等。

① 锦红色。此类颜色正红色，也是南红玛瑙中的帝王色，堪比翡翠中的"帝王绿"，具有这种颜色的南红玛瑙产量极其稀少。

② 柿子红色。红中带黄，黄中泛红，包括了从正红色到柿子黄色之间的所有过渡颜色，其中红色调越浓，其价值越高。

③ 玫瑰红色。红中带紫，紫中泛红，包括带紫色调的红色到紫红色之间的所有过渡颜色，其中红色调越浓越珍贵，价值也就越高。

④ 水红色。此类颜色是市面上最常见的颜色，一般质地较通透，肉眼可见红色的"朱砂点"密集分布，其颜色包括红色至灰红色，红色

的"朱砂点"越密集，其灰色调就越少，价值也就越高，其中又以樱桃红色最为珍贵。

⑤ 红白色。南红玛瑙中既有红色又有白色，两种颜色共生在一起，且边界十分清晰，通常可以用作"俏色"玉雕的材料。

⑥ 黑红色。这种红色和黑色相间的南红玛瑙通常也被用作"俏色"玉雕的材料。

⑦ 冰飘红色。此类透明度高，红色点状矿物呈带状或团块状稀疏分布，其中以呈鸡血状冰飘红色最佳。冰飘红色南红玛瑙料，也常被用作"俏色"玉雕材料。

⑧ 红白缠丝纹。通常由红色和白色呈同心层状或条带状分布的缠丝纹组成的南红玛瑙，其纹带状结构明显，一般红白颜色分明、纹理美观，纹带分布均匀者，价值越高。

2. 质地

质地，是评价南红玛瑙质量最为重要的因素之一。同时，质地细腻、温润又是玉石必须具备的条件，也是区分玉与石的主要标志。南红玛瑙的内部结构，特指组成南红玛瑙的微小石英矿物晶体的颗粒大小、晶体形态以及它们之间的排列组合方式。结构的不同可以表现出不同的性质。不同质量的南红玛瑙，可以表现出不同的质地。优质的南红玛瑙结构致密，颗粒细小，其质地也就越细腻、润泽，胶质感也就越强，具有胶质感是南红玛瑙的一个重要特征。一般情况下，玉石的透明度越高，质量也就越好，但是对于南红玛瑙而言，则并非如此，因为透明度高的南红玛瑙，胶质感就差。因此，好的南红玛瑙多为微透明至不透明状，这样的南红玛瑙胶质感强，其价值也就越高。

3. 净度

净度是指南红玛瑙内部含有瑕疵多少的程度。南红玛瑙中的瑕疵，主要包括玉石中是否存在裂纹及其他的杂质矿物。首先，裂纹的存在对南红玛瑙的耐久性会有很大的影响，有了裂纹的南红玛瑙其价值将大打折扣，这样的玉石也不利于雕琢，因此无裂纹者最好；其次，杂质矿物的侵入会破坏南红玛瑙的整体均匀性，从而降低其价值，因此无杂质矿物侵入者（俗称无矿点）好；再者，结构均匀，无明显"水晶"（颗粒较大晶质石英）者价值最高（俗称无水晶）。这就是市场上俗称的优质南红玛瑙的"三无"产品，即"无裂纹""无矿点""无水晶"。

4. 块度

块度（重量）大小对于南红玛瑙的质量评价来说，也是一个不可忽视的重要因素。目前市场上的南红玛瑙是以克为重量单位计价出售的。一般情况下，在颜色、质地、净度相同的条件下，南红玛瑙的块度（重量）越大，价值也就越高。

5. 雕刻工艺

评价一件南红玛瑙玉雕作品的质量优劣，除了上述的质量评价因素外，最重要的就是其雕刻工艺。俗话说"玉不琢，不成器"，玉石只有经过琢玉艺人的巧妙构思和精雕细琢，才能成为一件精美的艺术品（图3-18）。精良的雕刻工艺可以化腐朽为神奇，将天然玉石的不完美处，利用雕刻技法遮脏掩绺，或充分利用南红玛瑙所呈现的多种颜色，因材施艺，雕琢"俏色"南红玛瑙作品，可以达到出神入化的艺术效果，并且能够最大限度地体现南红玛瑙玉料的商业价值。

图3-18　南红玛瑙摆件

自古以来，南红玛瑙大多制成朝珠和藏式圆珠，流传至今又不断衍生出新的饰品类型，如戒面、手镯、串珠、挂件和摆件等种类。其中，目前市场上最常见的南红玛瑙饰品，主要是南红玛瑙首饰、串珠和挂件三大类。

一 南红玛瑙镶嵌首饰及选购

南红玛瑙镶嵌首饰，通常选用的都是颜色鲜艳、品质优良的南红玛瑙原料，琢磨成弧面型，再用金属镶嵌而成。其中又可进一步细分为南红玛瑙镶嵌戒指、镶嵌耳饰和镶嵌吊坠等。

1. 南红玛瑙镶嵌戒指

南红玛瑙镶嵌戒指是南红玛瑙首饰中最常见的类型，通常选用优质的南红玛瑙原料，琢磨成弧面型戒面（图4-1，图4-2），一般选用包镶或爪镶等镶嵌技法进行镶嵌。选用的贵金属材料可以是18K玫瑰金、18K黄金或925银（图4-3～图4-6），还可配以其他小颗粒宝石作为副石进行镶嵌。因此，南红玛瑙镶嵌戒指具有较强的立体感。此外，用作戒面的南红玛瑙原料，有时还会使用经过雕刻的小雕件作为戒面进行镶嵌，具有独特的韵味和特点（图4-7）。

图4-1 弧面型南红玛瑙戒面（一）

图4-2 弧面型南红玛瑙戒面（二）

图4-3 18K玫瑰金爪镶戒指

图4-4　18K玫瑰金配小钻石爪镶戒指

图4-5　18K黄金包镶戒指

图4-6　银花丝珐琅包镶戒指

图4-7　18K黄金貔貅爪镶戒指

2. 南红玛瑙吊坠

南红玛瑙吊坠可以分为两类：一类是通过雕刻具有一定寓意的图案，然后直接用项链穿缀而成吊坠（图4-8，图4-9）；另一类则是利用弧面型切工的南红玛瑙作为主石，用贵金属镶嵌制作成吊坠（图4-10～图4-12）。吊坠可以与不同材质制作的项链或绳链搭配，吊坠的款式可大可小，造型可简可繁。

图4-8　雕刻南红玛瑙吊坠（一）

图4-9 雕刻南红玛瑙吊坠（二）

图4-10 南红玛瑙镶嵌吊坠（一）

图4-11 南红玛瑙镶嵌吊坠（二）

图4-12　银花丝珐琅南红玛瑙吊坠

3. 南红玛瑙耳饰

南红玛瑙耳饰至少需要两粒南红玛瑙配对使用，一般情况下，一对耳饰中的南红玛瑙需有很好的匹配性，也就是在南红玛瑙的大小、颜色、形状等各方面应尽量一致。根据传统的习惯，耳饰应该是对称的，又可分成两类。其中一类是可不分左右的完全相同的造型；另一类则是两件耳饰为左右镜像对称的形式。前者传统而经典，显得庄重大方，后者则时尚动感，更显活泼。耳饰可分为耳钉和耳坠两类。

（1）南红玛瑙耳钉。装饰在耳垂上的南红玛瑙首饰，其特点是简洁大方，可以更好地凸显南红玛瑙的装饰效果，通常选用质量较高，颜色鲜艳的南红玛瑙来制作这类耳饰（图4-13，图4-14）。南红玛瑙耳钉的造型一般较为简单，因为人的耳垂部位相对较小，所以耳钉的整体造型，通常也不会太大，否则影响佩戴的舒适性，且看上去累赘。

图4-13　南红玛瑙耳钉（一）

图4-14　南红玛瑙耳钉（二）

（2）南红玛瑙耳坠。佩戴在耳垂上，主要造型部位垂于耳垂之下，并且是可以活动的装饰品。南红玛瑙耳坠，造型变化多样，通常用素面南红玛瑙或南红玛瑙圆珠镶嵌而成（图4-15～图4-18）。南红玛瑙耳坠，摆脱了耳垂大小的限制，款式设计更加多样，更为灵活，可以搭配钻石或不同颜色和品种的宝石作为副石，使表现形式更加丰富。

图4-15　南红玛瑙耳坠（一）

图4-16　南红玛瑙耳坠（二）

图4-17　南红玛瑙耳坠（三）

图4-18　南红玛瑙耳坠（四）

4. 南红玛瑙镶嵌首饰的选购

南红玛瑙镶嵌首饰是贵金属与南红玛瑙的结合，既涉及南红玛瑙的琢磨工艺又包括贵金属的镶嵌工艺，其制作工艺复杂，价格相对比较昂贵。所以选购南红玛瑙镶嵌首饰时，除了要观察南红玛瑙的质量，所用镶嵌贵金属的类型，以及镶嵌首饰的款式外，还应注意以下几点。

① 南红玛瑙镶嵌首饰所使用的材料。其性质存在着较大的差异，贵金属相对较软，而南红玛瑙相对较硬。因此，在选购时要仔细检查金属与南红玛瑙之间、金属与金属之间、金属与链（绳）之间连接部位是否结合牢固。

② 准确识别南红玛瑙镶嵌首饰所用金属材料的标识。使用不同的贵金属材料，对于首饰的售价来说是不同的，如：18K玫瑰金、18K黄金、925银等。

③ 注意观察南红玛瑙镶嵌首饰的镶嵌方式，如：爪镶、包镶等。爪镶遮挡南红玛瑙的面积小，可以使南红玛瑙更多地裸露出来，从而更好地展示南红玛瑙特有的美丽，增添南红玛瑙首饰的魅力。包镶的一种为活包镶，采用这种镶嵌方法的首饰，其底部不封闭，这样有助于光线透过南红玛瑙，使南红玛瑙从正面看上去更加光莹透澈。另一种则称为死包镶，采用这种镶嵌方法的首饰，其镶嵌首饰的底部呈全封闭状，光线不能从底部透过。如不破坏包金层就不能观察到被包裹部位南红玛瑙的情况，用这种方法镶嵌的南红玛瑙首饰，或许存在着诸如杂质、残损、绺裂等现象。因此，选购死包镶的南红玛瑙镶嵌首饰，存在着一定的风险，需要格外谨慎。

④ 关于南红玛瑙首饰的款式问题。消费者完全可以根据自己的喜好，

挑选适合自己手型、脸型的饰品。有些南红玛瑙首饰会搭配小颗粒的钻石或小颗粒的彩色宝石等作为副石配合镶嵌，消费者在选购时，除了仔细观察主石镶嵌的完好度外，还要仔细观察副石有无松动、掉石、残损等现象。如销售时配有鉴定证书，则要在鉴定证书上面找到关于首饰配石的鉴定结论，如果没有，可以向商家索要证明，或向商家进一步咨询。

⑤ 货品与证书一致。除必须具有正规发票，检测合格证外，还需要注意将票证上的文字、数字与所购南红玛瑙镶嵌首饰实物进行相应的对照，以做到货品与证书一致。

⑥ 进一步了解商家的售后服务情况，并且予以明确。

二、 南红玛瑙指环及选购

南红玛瑙指环是指用南红玛瑙琢制而成，不含有其他任何材料的戒指。根据表现方式不同，可以分为环形指环（图4-19）和雕刻指环（图4-20）。

1. 环形南红玛瑙指环及选购

环形南红玛瑙指环实际上就是一个光滑的手指圈（图4-21），通常指环边较窄，厚度较薄，指环圈的横截面形状，通常呈圆形。这类指环通常都是素面的，指环上通常不雕刻任何的花纹图案。颜色好、胶质感强的这类指环，价值相对较高（图4-22）。

图4-19　环形南红玛瑙指环

图4-20　雕刻南红玛瑙指环

图4-21　冰飘南红玛瑙环形指环

图4-22　南红玛瑙环形指环

2. 雕刻南红玛瑙指环及选购

雕刻南红玛瑙指环，其特点是指环面较宽，环面上雕有花卉、龙、凤、狮等各种不同的图案（图4-23～图4-25）。

选购南红玛瑙指环时，应特别注意指环上不能有裂纹，由于戒指佩戴在手指上，易与硬物接触和碰撞，如果有明显的裂纹，则十分容易断裂。

图4-23　雕刻南红玛瑙指环（一）

图4-24　雕刻南红玛瑙指环（二）

图4-25　冰飘雕刻南红玛瑙指环

三、 南红玛瑙手镯及选购

1. 南红玛瑙手镯

南红玛瑙手镯是耗费原料最多的一类南红玛瑙饰品，虽然手镯是中空的，但要求整块南红玛瑙玉料不能有明显的裂隙和瑕疵。南红玛瑙手镯的基本款式可分为两类。

（1）圆条形南红玛瑙手镯。这类手镯形状为圆形，表面光素无纹，美观大方，镯条的横断面也呈圆形（图4-26，图4-27）。

（2）扁条形南红玛瑙手镯。这类手镯外观形状为圆形，通常呈内扁外圆，镯条的横截面呈半圆形（图4-28，图4-29）。

图4-26　圆条形南红玛瑙手镯（一）

图4-27　圆条形南红玛瑙手镯（二）

图4-28　扁条形南红玛瑙手镯（一）

图4-29　扁条形南红玛瑙手镯（二）

2. 南红玛瑙手镯的选购

选购南红玛瑙手镯，通常情况下需注意以下几个方面。

① 看颜色。南红玛瑙虽然都以红色调为主，但各种不同的红色中，也存在着一定的差别，需要仔细观察。

② 看瑕疵。用于制作手镯的南红玛瑙原料，或多或少都会存在瑕疵，在所有的瑕疵类型中，对南红玛瑙手镯影响最大的则是裂纹。在选购南红玛瑙手镯时，应仔细观察手镯上是否存在裂纹，还要注意观察裂纹的分布方向。一般情况下，纵向裂纹比横向裂纹对南红玛瑙手镯价值的影响更大，其原因是纵向的裂纹更易使手镯产生断裂。裂纹的存在，将大大降低南红玛瑙手镯的耐久性，从而影响南红玛瑙手镯的价值。

③ 选款式。目前，市场上最常见的南红玛瑙手镯款式是圆条形手镯和扁条形手镯。选购南红玛瑙手镯时，可根据消费者手的特点来选择购买。手腕偏瘦，骨架较小者，选择圆条形手镯为宜；手腕较宽，骨架偏大者，选择扁条型手镯更佳。

④ 看大小。根据消费者自身的条件，选购合适的手镯内径尺寸的手镯即可。通常情况下，手镯的内径一般分为四种：小号圈口直径50～54mm；标准圈口直径55～57mm；中大号圈口直径58～60mm；大号圈口直径60mm以上。以佩戴舒适，手镯与手腕之间，稍有一定的游动距离为佳。

四、 南红玛瑙串珠及选购

南红玛瑙串珠，在南红玛瑙饰品中占据十分重要的位置，其种类繁多，包括：珠（圆珠、算盘珠、桶珠）和串珠等。

1. 南红玛瑙珠的主要类型

南红玛瑙珠，根据其形状的差异，最常见的可分为：圆珠、算盘珠和桶珠。

（1）圆珠。圆珠是南红玛瑙中最常见的形态（图4-30，图4-31）。自清朝朝珠以来，三通、背云、佛头、佛嘴、坠子等一发而不可收，一般都具有形制规整、圆形周正、表面抛光好的特点，可以用于制作成圆形串珠、戒指和吊坠等（图4-32，图4-33）。南红玛瑙圆珠还可与青金石、绿松石、蜜蜡、小叶紫檀等多种材质搭配成手串。

图4-30 南红玛瑙圆珠（一）

图4-31 南红玛瑙圆珠（二）

图4-32 南红玛瑙圆珠戒指

图4-33　南红玛瑙圆珠吊坠

　　（2）扁圆珠（又称算盘珠）。算盘珠是仿照算盘珠子的形状制成的南红玛瑙珠子（图4-34，图4-35），曾风靡一时，因"算盘一响，黄金万两"而为人们所喜爱。扁圆珠通常选用质量较好、裂纹较少的南红玛瑙原料琢制而成。优质的南红玛瑙算盘珠，不仅需要选取优质的原料，而且在工艺和形制上同样十分讲究。小尺寸的算盘珠可当隔珠或隔片，与其他形状的珠子搭配使用。

　　（3）桶珠（又称勒子）。其形状多为圆柱形和椭圆形（两头细，中间粗）的珠子（图4-36，图4-37）。桶珠既可以与其他材质的珠子搭配，也可以单独用作玉饰挂在胸前或腰间，还可作为顶珠或与圆珠相搭配。

图4-34　南红玛瑙算盘珠（一）

图4-35　南红玛瑙算盘珠（二）

图4-36　南红玛瑙桶珠

图4-37　火焰纹南红玛瑙桶珠

2. 南红玛瑙串珠的主要类型

南红玛瑙串珠是指用南红玛瑙制成的珠状饰物，穿串而成。其珠子的形状，可以分为圆珠、算盘珠等几种，大部分南红玛瑙串珠的珠子表面均是素面的。

南红玛瑙串珠的类型，最常见的可分为南红玛瑙珠链（图4-38）和南红玛瑙手串两类（图4-39）。南红玛瑙珠链是用来装饰人体的颈部，佩戴在脖子上。而南红玛瑙手串则是用来装饰人体的腕部，即直接佩戴在手腕上，或将南红玛瑙串珠缠绕几圈戴在手腕上。

南红玛瑙珠链因为有不同的用途，不一样的穿串方式，故而形成了众多的类型。其中最常见的穿串方式是平串和搭串两种。所谓平串就是将形状、大小基本相同的南红玛瑙珠子穿串而成（图4-40）；搭串则是将形状相同，大小不同的南红玛瑙珠子，从中间向两侧依次递减地穿串而成（图4-41）。南红玛瑙串珠还可根据珠径大小，分为单行、双行、多行穿串而成。单行南红玛瑙串珠，一般由直径较大的南红玛瑙圆珠穿串而成，圆珠直径8～12mm，最大可达17mm（图4-42）。双行至多行的南红玛瑙串珠，一般是用直径较小的南红玛瑙珠穿串而成，因为珠子的直径较小，所以有的需要排成双行、三行或多行（图4-43）。有的多行珠链，每隔几粒南红玛瑙珠就加一颗其他材质的玉石珠、金属镶嵌的宝石珠、珍珠等做点缀，产生节奏和韵律的变化。

图4-38　南红玛瑙珠链

图4-39　南红玛瑙手串

图4-40　平串南红玛瑙珠链

图4-41 搭串南红玛瑙珠链

图4-42　单行南红玛瑙珠链

图4-43　双行南红玛瑙珠链

3. 南红玛瑙手串的选购

选购南红玛瑙手串，通常应注意以下几点：

（1）看手串的颜色和透明度。南红玛瑙的颜色均为红色调，一般情况下，颜色纯正、色彩艳丽，透明度高。如果手串上的珠子存在纹理，则纹理清晰的南红玛瑙手串，价值更高（图4-44）。

图4-44　颜色纯正的南红玛瑙算盘珠手串

（2）看手串的质地。质地细腻、坚韧，胶质感强，没有裂纹的南红玛瑙珠穿串而成的南红玛瑙手串，质量最好，有裂纹者则质量下降（图4-45）。

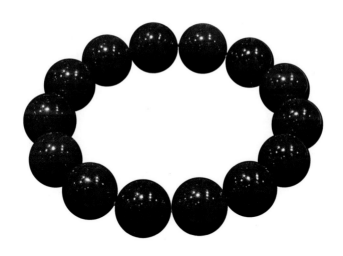

图4-45　质地细腻的南红玛瑙圆珠手串

（3）看手串的长度和珠子大小。南红玛瑙手串的长度，可依据穿串珠子的大小和数量而定，根据需要可适当调节。在同等质量条件下，珠子的大小，将决定南红玛瑙手串的价值，珠子大的手串，价值更高（图4-46）。

图4-46　珠形饱满的南红玛瑙算盘珠手串

（4）看每颗南红玛瑙珠的加工工艺水平。南红玛瑙手串的珠子通常被加工成圆形、椭圆形、扁圆形、圆柱形和随形等形状，要仔细观察珠子的形状是否对称，以及打磨、抛光、钻孔的精细程度（图4-47）。

图4-47　工艺精湛的南红玛瑙圆珠手串

（5）看手串的搭配。手串上的珠子大小是否一致，颜色搭配是否和谐，也是在选购过程中需要特别注意的问题。如：珠子存在明显的大小偏差、珠形不完整、颜色搭配不和谐等，则说明手串的搭配质量欠佳，将直接影响到手串的价值（图4-48）。

图4-48　搭配和谐的南红玛瑙桶珠手串

图4-49　搭配和谐的南红玛瑙桶珠珠链（一）

4. 南红玛瑙珠链的选购

在选择南红玛瑙珠链时，除了要看珠子的颜色、透明度、质地、珠子大小和加工工艺，以及珠链的搭配外，还要仔细观察每颗珠子的加工质量，如：珠子的圆度、表面的抛光度和孔眼的精细度。颜色相同，做工好，孔眼大小一致，搭配和谐，珠子的直径越大，珠链的价值也就越高（图4-49，图4-50）。

图4-50 搭配和谐的南红玛瑙圆珠珠链（二）

除了上述因素外，在选购南红玛瑙珠链时，还要充分考虑佩戴者的脸型和颈部特征，挑选符合自身特点的珠链。可依据佩戴者的脸型，来挑选南红玛瑙珠链。

① 瓜子形脸。瓜子形脸的消费者，在选购南红玛瑙珠链时，不宜选购呈"V"字形样式的南红玛瑙珠链，这样会加重脸型尖线条的痕迹。

② 圆形脸。圆形脸的消费者，在选购南红玛瑙珠链时，应该考虑选择佩戴长一些、珠子直径中等大小的南红玛瑙珠链，这样能使脸型看起来稍稍长一些。

③ 椭圆形脸。椭圆形脸是比较常见的。故而这样的脸型，无论搭配何种款式的南红玛瑙珠链，都可以起到很好的装饰效果。但如果是长椭圆脸型的人，在选购时，则可以选择用短小的珠链加以协调。

④ 国字形脸。因脸型呈方正状，所以在选购南红玛瑙珠链时，一般选购呈"V"字形的南红玛瑙珠链，再配以南红玛瑙吊坠则装饰效果更好。若想使自己脸上线条不是那么明显，则可以选择细小的南红玛瑙珠链，可以给脸型增加一点柔和的感觉。

1

五、 南红玛瑙挂件及选购

南红玛瑙挂件是南红玛瑙饰品中最常见的品种之一。这类南红玛瑙挂件上，通常均有一个小的钻孔供穿绳系挂之用，可作为单体佩戴。南红玛瑙挂件通常体积较小，雕琢精美，小巧玲珑，造型各异，其形式简约、风格类型多样，集浮雕、圆雕、镂雕、线刻等多种琢玉技艺于一身。南红玛瑙挂件的题材也十分广泛，有人物、动物、植物和仿古神兽等，通过借喻、比拟、双关、象征及谐音等表现手法，构成"一句吉语一幅图案"的艺术作品。它以镂雕复合图案最为精美、珍贵，有很高的收藏价值。其价值的高低，通常与所选用的南红玛瑙玉料、琢制工艺、题材图案，以及琢制者的知名度等因素密切相关。

1. 南红玛瑙挂件的类型

南红玛瑙挂件是南红玛瑙饰品中最常见的种类，根据挂件造型所表现的图案，可以进一步细分为以下类型：

（1）吉祥如意类挂件。该类型反映人们对幸福生活的追求与祝愿，常见的图案主要为：龙、凤、祥云、灵芝、如意、宝瓶等纹饰。这些图案寓意人们对安定、平和生活的向往。该类型适合各类人士佩戴，以寄托家人对佩戴者的祝福（图4-51，图4-52）。

图4-51　南红玛瑙吉祥如意挂件

图4-52　南红玛瑙龙凤呈祥挂件

（2）事业腾达类挂件。该类型象征人们对个人成就和仕途前程的向往与祝愿，常见的图案主要为：荔枝、桂圆、核桃、鲤鱼、竹节等。这种类型寓意人们事业兴旺，注重个人成就和自我价值的实现（图4-53，图4-54）。

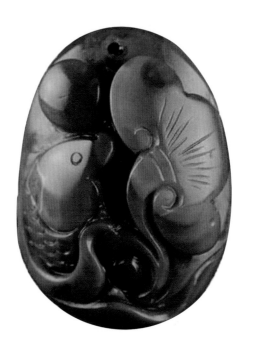

图4-53　南红玛瑙鲤鱼跳龙门挂件

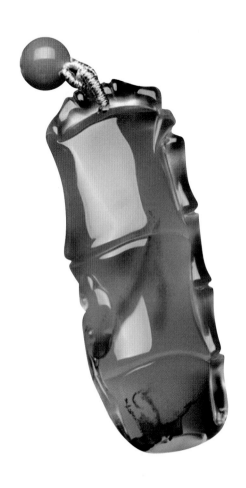

图4-54 南红玛瑙冰飘料节节高升挂件

（3）家和兴旺类挂件。该类型表达了希望夫妻和睦，家庭兴旺，财源滚滚，年年有余的良好愿望，常见的图案主要为：鸳鸯、并蒂莲、白头鸟、鱼、荷叶等。这些寓意家庭和睦，适合结婚喜庆场合，以及经商者、儿童等佩戴（图4-55，图4-56）。

图4-55　南红玛瑙鸳鸯戏水挂件

图4-56 南红玛瑙连年有余挂件

（4）长寿多福类挂件。该类型表达人们对健康长寿的期望与祝愿，常见的图案主要为：寿星、寿桃，以及代表长寿的松、鹤、龟和与"福"字谐音的蝙蝠等。这些图案寓意长寿、幸福。佩戴者以中、老年人为主（图4-57，图4-58）。

图4-57　南红玛瑙灵猴献寿挂件

图4-58　南红玛瑙松鹤延年挂件

（5）平安喜庆类挂件。该类型表达人们对社会安定、平和生活的向往，常见的图案主要为：宝瓶、古钱、鹌鹑、竹子、喜鹊等。这些图案寓意平安、祝福。该类型适合常年在外工作或生活漂泊不定的人士佩戴（图4-59，图4-60）。

图4-59　南红玛瑙喜上眉梢挂件

图4-60　南红玛瑙红红火火挂件

（6）辟邪消灾类挂件。这是挂件中最为常见的题材之一，多源于神话、宗教、文学和历史故事，表达人们希望在某种神灵的保护下，生活顺利，事业顺心，身体健康，万事如意的愿望。该类型常见的图案以宗教人物及历史上的英雄人物为主，主要有：观音、佛、钟馗、寿星、八仙、太上老君、关公、张飞等。在民间有"男戴观音，女戴佛"之说，主要就是祈求观音和佛对人们身体、生活、工作的保佑。佩戴此类挂件，以祈求能够转运，顺利平安（图4-61～图4-64）。

图4-61　南红玛瑙观音挂件

图4-63 南红玛瑙弥勒挂件（一）

图4-62 南红玛瑙冰飘料观音挂件

图4-64 南红玛瑙弥勒挂件（二）

（7）十二生肖挂件。中国传统文化中，每一年都会由一个吉祥的动物代表，每十二年作为一个轮回，被选中的十二种动物就成为了代表祥瑞平安的动物。而与每一个人出生年份所对应的动物，就成为了平安、吉祥、好运的象征，人们佩戴自己的属相挂件，象征着祈求自己能够平安、如意、好运相伴（图4-65～图4-68）。

图4-65　南红玛瑙生肖龙挂件

图4-67　南红玛瑙生肖鸡挂件

图4-66　南红玛瑙生肖马挂件

图4-68　南红玛瑙生肖狗挂件

2. 南红玛瑙挂件的选购

南红玛瑙挂件形制小巧，雕琢细腻，注重造型的写实性，通常会雕琢成具有较大光面和弧面的样式。选购南红玛瑙挂件，应注意以下几个方面：

① 看颜色。仔细观察红色的纯度与饱和度。根据个人喜好可选取不同纯度和饱和度的南红玛瑙挂件，颜色发闷或带有黑色或"干红"（即不滋润）的挂件，则会影响南红玛瑙挂件的价值。

② 察质地。质地柔和、细腻润泽、胶质感强的南红玛瑙挂件，是最好的。

③ 观瑕疵。要注意观察挂件上有无裂纹、斑点等瑕疵，如果存在裂纹和斑点等，都会直接影响到南红玛瑙挂件的质量和价值。

④ 视工艺。南红玛瑙挂件的琢制工艺水平，以及所选的题材与寓意，都会直接影响到挂件的质量和价值，因材施艺的挂件才是最优质的。

⑤ 估尺寸。相同品质和寓意的南红玛瑙挂件，一般情况下，尺寸越大价值也就越高。

六、 南红玛瑙摆件及选购

摆件是指摆放在几案、桌子或庭院中的一种玉雕形式。南红玛瑙由于受到原料大小的限制，其体积相对较小，其尺寸只有几厘米至几十厘米不等。南红玛瑙摆件的琢制工艺复杂，是所有形式的南红玛瑙饰品中艺术性最强的。

1. 南红玛瑙摆件的类型

（1）花卉类。该类型是以玉料的材质美，来表现大自然花草美的玉雕艺术品，总体上具有俏丽、细腻、生动、清新、雅致的特征。通常选用荷花、牡丹、山茶花、月季、牵牛花、灵芝、梅、兰、竹、菊等花卉为题材，为了增强作品的生活情趣与意境，常在花卉间配有虫、草、鸟等（图4-69，图4-70）。

图4-69　南红玛瑙俏雕灵芝摆件

图4-70 南红玛瑙俏雕凤穿牡丹摆件

（2）动物类。该类型多以自然界中各种动物为题材，用写实或夸张的表现手法造型施艺，动物自然生动、清新脱俗（图4-71）。

图4-71　南红玛瑙狮子摆件

图4-72　南红玛瑙降龙罗汉摆件

（3）人物类。该类型表现各种人物的形象，如仕女，还有嫦娥、罗汉、观音、佛和其他神仙的人物形象（图4-72，图4-73），具有很高的欣赏价值。

图4-73　南红玛瑙寿星摆件

（4）器皿类。该类型造型以炉、瓶、熏、杯等为主，讲求端庄、对称与平衡，造型和纹饰协调（图4-74）。

图4-74　南红玛瑙螭虎爵杯摆件

（5）山子类。由于受到原料的限制，南红玛瑙的山子类摆件，通常体积比较小，是以各种人物和诗词典故为内容，施以山水、花草树木、飞禽走兽，用圆雕、浮雕、镂雕的方式制作的立体画面（图4-75，图4-76）。其造型浑圆典雅，给人赏心悦目的视觉效果和美的享受。

图4-75　南红玛瑙层林叠翠摆件

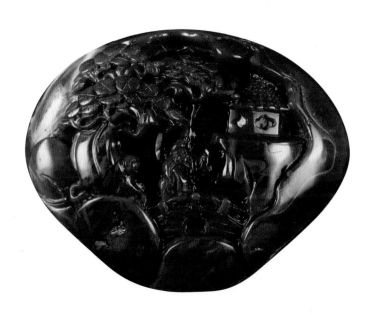

图4-76 南红玛瑙小桥人家摆件

2. 南红玛瑙摆件的选购

南红玛瑙摆件种类繁多，表现的题材多样，琢制的工艺复杂，但是不管是何种类型和题材的南红玛瑙摆件，选购时应注意以下几个方面：

（1）南红玛瑙原料的质量。南红玛瑙原料的质量，直接影响到南红玛瑙摆件的价值，这点是十分明确的。南红玛瑙原料质量的差异，将直接关系到南红玛瑙摆件的审美效果和经济价值。而南红玛瑙摆件的艺术魅力，来自"玉质美"的感染力，充分体现南红玛瑙的玉质美，是衡量南红玛瑙摆件艺术水平的一个十分重要的标志。优质的南红玛瑙摆件作品，不论它是何种类型或何种题材，都应充分表现和展示南红玛瑙玉料材质的美感，使玉料的天然美能尽展其华，达到最佳运用的效果。

（2）构思设计。一件精美的南红玛瑙摆件作品，玉料或许不一定是最好的，但经过琢玉者的匠心制作，可以成为巧夺天工的艺术珍品，其设计一定是新颖别致的，而且充满着奇思妙想，令观赏者回味无穷。

（3）造型艺术。南红玛瑙摆件的造型要优美、自然、生动、真实、比例适当。整体构图布局合理，疏密有致、层次感强、主题突出。造型艺术的优劣，直接影响到南红玛瑙摆件作品的艺术感染力和收藏价值。

（4）琢制工艺。"玉不琢，不成器"，南红玛瑙摆件的琢制是一种艺术创作，巧夺天工是衡量南红玛瑙摆件质量的又一个十分重要的标志。圆润柔顺是南红玛瑙摆件的工艺要求，因此在琢制过程中，要求作品的线条圆滑、弯曲、顺畅，达到既柔又顺的工艺效果。

（5）光亮效果。南红玛瑙摆件表面是否精细、光滑，直接影响到摆件表面的质感，而表面的质感对南红玛瑙摆件的价值影响很大，也是观赏者和收藏者十分关注的一个问题。因此，在选购时应特别注意。南红玛瑙摆件之美在于南红玛瑙的天然之美与琢制过程中的工艺之美的结合，而南红玛瑙摆件表面的光亮效果，对南红玛瑙摆件的价值有着重要的影响。

（6）装潢考究。南红玛瑙摆件通常配上木座展示，木座与南红玛瑙摆件的大小比例要适合，纹样应协调一致，花纹细致整齐，清洁利落，落窝严实平稳，粘接牢固。木座的木质名贵且做工考究，表面喷漆光亮如镜，无堆漆、流漆和麻点。对于嵌入金丝、银丝的木座，还要仔细观察嵌丝、碾压工艺的效果，以及嵌入的金丝、银丝是否贴合平整、牢固。

参考文献

［1］李圣清，张义丞，祖恩东，等. 南红玛瑙的宝石学特征［J］. 宝石和宝石学杂志，2014，16(3):46-51.

［2］祝琳，杨明星，唐建磊，等. 南红玛瑙宝石学特征及红色纹带成因探讨［J］. 宝石和宝石学杂志，2015，17(6):31-38.

［3］曹妙聪，翟雨萌. 南红玛瑙的宝石学性质及鉴别［J］. 长春工程学院学报（自然科学版），2013，14(3):123-125.

［4］李光宙. 南红玛瑙的材质特色与造型关系探讨［J］. 保山学院学报，2016，35(2):101-103.

［5］熊见竹，余晓艳，奥岩. 四川凉山联合乡南红玛瑙的宝石学特征及颜色成因探究［J］. 宝石和宝石学杂志，2015，17(3):10-18.

［6］代司晖，申柯娅. 四川凉山南红玛瑙与非洲南红玛瑙的宝石学特征［J］. 宝石和宝石学杂志，2016，18(4):22-27.

［7］郭威，王时麒. 云南保山南红玛瑙矿物学特性及致色机理探究［J］. 岩石矿物学杂志，2017，36(3):419-430.

［8］骆少勇，周跃飞，张晢，等. 南红玛瑙保山料与凉山料的微量元素特征及成因［J］. 云南地质，2017，36(4):546-550.

［9］杨永明. 保山南红玛瑙［J］. 云南档案，2015，(4):28-32.

［10］孙丽丽. 保山南红玛瑙名称与产区考略［J］. 保山学院学报，2016，35(2):104-108.

［11］申柯娅，王昶，袁军平编著. 珠宝首饰鉴定（第二版）［M］. 北京：化学工业出版社，2017.

［12］孙力民著. 南红［M］. 北京：中国友谊出版公司，2017.

［13］刘仲龙撰著. 赤以永年——南红玉器收藏与鉴赏［M］. 北京：中国书店，2011.

［14］韩龙著. 南红玛瑙投资购买指南［M］. 北京：中国轻工业出版社，2014.

［15］贾振明编著. 赤琼血玉：南红玛瑙收藏与鉴赏［M］. 北京：新世界出版社，2015.